Sir Henry

Uschi Ackermann und Renate Schramm

Hier kocht der

Mops

Sir Henrys beste Rezepte

HEEL

HEEL Verlag GmbH
Gut Pottscheidt
53639 Königswinter
Tel.: 0 22 23 92 30-0
Fax: 0 22 23 92 30-13
E-Mail: info@heel-verlag.de
www.heel-verlag.de

© 2012 HEEL Verlag GmbH

Autorinnen: Uschi Ackermann und Renate Schramm
Layout: Claudia Renierkens, renierkens kommunikations-design, Köln
Lektorat und Projektmanagement: Ulrike Reihn-Hamburger

Fotos: Thomas Schultze
Mit Ausnahme von: Uschi Ackermann (Seite 6, 18, 25, 26, 33, 34, 42, 45, 46, 49,
57, 61, 62, 66, 69, 73, 77, 78, 81, 83 rechts, 84, 86, 87);
Ursula Birr (Chica, Seite 12); Anita und Erwin Müller (Gordi und Tapsi, Seite 13);
Markus und Julia Langes-Swarovski (Lola, Seite 14); Mirja und Sky du Mont
(Yuma, Seite 15); Marion Sennewald-Gail (Stella, Seite 16); Renate Schramm (Leo,
Seite 17);

Printed in Slovakia

ISBN 978-3-86852-627-1

Inhalt

Meine Freunde

Sir Henrys beste Rezepte

Inhaltsverzeichnis

Servus, liebe Leserinnen und liebe Leser,

haben Sie hin und wieder Heißhunger? Diese Jetzt-oder-nie-Lust auf etwas Süßes, Saures oder Scharfes. Dann haben Sie und ich schon einmal etwas, das uns verbindet. Ich bin ein besonders Heißhungriger – und zwar immer dann, wenn ich mal allein daheim bin, vor dem Kühlschrank stehe und mir vorstelle, wie ich diese Schatztruhe voller Schmankerl knacke.

Schnell mal ein Pfötchen voll geschnetzeltem Kalbfleisch, einen Happen Geflügelpastete oder auch nur einen Schlabberlöffel Joghurt. Mmmh – märchenhaft wäre das. Aber das Objekt meiner Begierde lässt mich eiskalt abblitzen. Da kann ich mich aufplustern, wuffen oder aufstampfen – wir Möpse machen uns gern größer als wir sind, was ja menschlich ist – ich kriege diese verflixte Kühlschranktür nicht auf. Da müsste wohl der legendäre TV-Kommissar Rex ran.

Nicht, dass Sie denken, ich sei auf Diät, hätte Entzugserscheinungen und sei deshalb so heißhungrig. Keine Spur! Ich bin einfach ein Kulinariker, stets neugierig auf Neues. Das liegt bei uns Möpsen in den

Genen. Unsere Urahnen sind am chinesischen Kaiserhof aufgewachsen. Sie bekamen auf goldenen Tellern die edelsten Delikatessen, wurden in Sänften oder von den Herrschern herumgetragen und wie kleine Kronprinzen hofiert. Eine Saga, schöner als jeder Hollywood-Schinken. Da kann ein Mops von heute doch nicht wie ein Hund leben.

Zum Glück habe ich ein Feinschmecker-Rudel. Mit Frauchen Uschi Ackermann, einer PR-Power-Lady, diniere ich (noch unterm Tisch) in Restaurants und Herrchen Gerd Käfer weiß als Gourmet-Guru, was Zweibeinern und Vierpfötern schmeckt. Er kocht gern für mich, probiert neue Hunde-Rezepte aus und ich bin in der Küche dabei. Als Topfgucker und Probe-Esser. Ich schmecke, ob die Nudeln al dente sind oder was beim Hühnerfrikassee noch fehlt. Klar, dass meine Freundinnen und Kumpels gern zum Fressen bleiben. Ihre Halter fragen Gerd dann oft nach den Rezepten – und so sind wir auf die Idee zu diesem Kochbuch gekommen.

Aber Achtung: Unsere Rezepte sind nicht für jeden Tag, sondern für besondere Anlässe gedacht, bei denen nicht jede Kalorie und alle Mineralstoffe und Vitamine gezählt werden. Wer täglich meine hundige Haute Cuisine im Napf hat, braucht je nach Gewicht entsprechende Zusatzstoffe. Mehr dazu in meinem Gespräch mit der Kleintier-Ernährungsspezialistin Dr. Petra Kölle ab Seite 84.

Für seinen Hund zu kochen ist tierisch trendy. Jeder vierte Deutsche tut's, ergab eine Studie. Dass wir nicht jeden Bissen 42-mal kauen – so viele Zähne haben wir –, sorry, das entspricht halt nicht unserer Natur. Wir kommen beim Fressen (wie beim Flirten) immer schnell zur Sache. Ein kurzer Genuss mit langer Wirkung: Wir fühlen uns geliebt. Und drum haben wir unsere Rudel zum Fressen gern.

Viel Spaß beim Ausprobieren meiner Rezepte. Und Euch, liebe Sammys, Jacks, Oskars und Emmas (das waren 2011 die beliebtesten Hundenamen) und allen anderen, guten Appetit oder bairisch kurz: An Guadn!

Das wünscht Euer und Ihr Sir Henry

P.S.: Trotz meiner hoheitlichen Vorfahren: Mein Mopsblut ist nicht blau. Den Titel Sir hat mir mein Küchen-König Gerd verliehen – für meinen „Herzensadel".

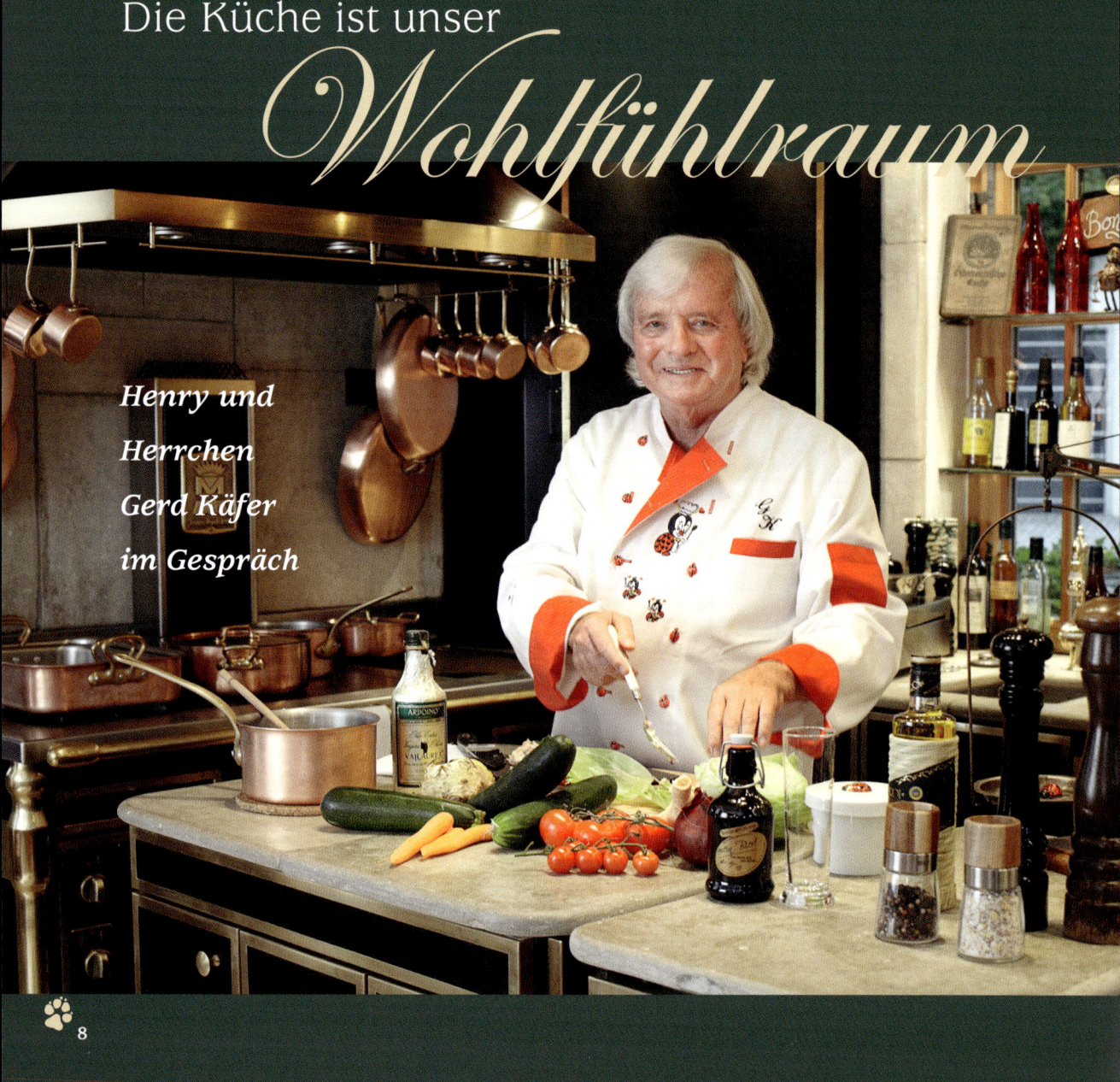

Die Küche ist unser *Wohlfühlraum*

Henry und
Herrchen
Gerd Käfer
im Gespräch

*W*ow und Wau! Jedes Mal, wenn ich in Gerds Büro komme, geht mir mein Mops-Herz auf. Die Wände sind bis zur Decke mit gerahmten Fotos und Dankschreiben tapeziert. Mein Herrchen mit Englands Queen Elizabeth II., mit ehemaligen amerikanischen Präsidenten, wie Bill Clinton oder Richard Nixon, mit unserem bayerischen Papst Benedikt XVI. oder Stars wie Liz Taylor, Frank Sinatra und Liza Minnelli – das Who is Who aus (Geld-)Adel, Politik und Entertainment der vergangenen Jahrzehnte. Und Erinnerungen an ein – bis heute – aufregendes Leben. „Gerd Käfer hat mit seinen Gourmet-Kompositionen und Inszenierungen über Jahrzehnte die kulinarische Lebenskultur wie kaum ein anderer geprägt", steht in einer Biografie über ihn. Seine Devise seit seinem ersten Feinkostladen 1956 in München: „Jeden Tag besser werden." Ob Essen und Ernährung für Mensch und Hund immer besser werden, darüber habe ich mit ihm gesprochen.

Henry: Hallo Herrchen, du hast Feste in den schönsten Schlössern Europas arrangiert, aber auch in Kindergärten und für Senioren. Wie würdest du ein Fest in einem Tierheim inszenieren?

Gerd Käfer: Da steigt eine heiße Party mit verschiedenen Würstln in Mini-Form, die ich vorher zubereite. Dazu gibt's viele Spielsachen, einen Agility-Parcours, Wettrennen und Suchspiele – betreut von erfahrenen Hundetrainern, Uschi und mir. Um die Stimmung anzuheizen, lass ich elektrische Hunde bellen.

Henry: Da werden die echten Hunde das Heim rocken! Apropos rocken: Bist du Partymacher geworden, weil du ein flotter Käfer bist und selbst gern feierst?

Gerd Käfer: Erraten, Henry. Seit ich 1956 den Party-Service erfunden habe, bin ich fast jeden Abend auf einem Fest, meist als Organisator, aber mitunter auch als Gast. Mit interessanten und gut gelaunten Menschen zusammen zu sein, das ist mein Lebenselixier.

Henry: Sind die Schönen, Reichen und Mächtigen schwierige Gäste?

Gerd Käfer: Sie sind schwierig beim Verhandeln, aber unkompliziert beim Essen. Sie wollen einfache, frische und gesunde Kost. Keinen Schnickschnack. Wer sich jeden Tag Hummer leisten kann und schon die meisten Delikatessen probiert hat, der genießt auch mal ein frisches Brot mit Butter und Schnittlauch, eine Currywurst um Mitternacht oder meine „Spiegeleier-Arie".

Henry: Singst du dazu?

Gerd Käfer: Bisher nicht *(er lacht)*. Das ist mehr ein kulinarisches Stimmungsstück. Die Spiegeleier garniere ich mit gekochtem und gehacktem Eiweiß und -gelb, dazu rosa Zwiebelchen, geröstete Brotbrockerl und Schnittlauch.

Henry: Ist gutes Essen das Wichtigste, damit ein Fest gelingt?

Gerd Käfer: Jein. Das Essen muss hundertprozen-

tig gelingen. Wenn hinterher gemeckert wird, kann der Caterer einpacken. Wenn aber die Gäste-Mischung nicht stimmt und die Leute zwar nebeneinander sitzen, aber nichts miteinander zu reden haben, dann kann auch das beste Essen der Welt das Fest nicht retten.

Henry: Was glaubst du, Gerd, wie wird das Essen von morgen schmecken?

Gerd Käfer: „Ein Steinbutt bleibt ein Steinbutt", hat mein Freund, der Jahrhundert-Koch Eckart Witzigmann, einmal gesagt. „Was sich ändert, ist die Präsentation." Die Küche von heute ist ja schon globalisiert, aber manche asiatischen Länder werden uns geschmacklich noch mehr beeinflussen. Gute, bekömmliche und leichte Qualität – diese Grundprinzipien werden bleiben. Schon jetzt wird stark auf Tellerportionen und Magerkost geachtet. Junge wie Alte wollen fit bleiben und haben alle den Bauch im Kopf. Der Trend wird sich verstärken.

Henry: Und was ist mit unserem Futter?

Gerd Käfer: Für Bello nur das Beste, biologisch und hochwertig. Dieser Boom geht weiter. Der Feinschmecker-Hund von morgen bekommt sein Fleisch aus der Bio-Metzgerei für Vierbeiner und wird immer mehr daheim bekocht.

Henry: Muss gutes Essen eigentlich teuer sein?

Gerd Käfer: Hundertprozentig nein, auch wenn manche das anders sehen. Klar, täglich Langusten oder T-Bone-Steak, das geht ins Geld. Aber gesund ist das eh nicht. Die regionale Küche ist ausgewogen, preiswert und bietet genug saisonale Abwechslung.

Henry: Du giltst als Gourmet-Papst. Wie wird man Feinschmecker?

Gerd Käfer: Durch Neugierde. Ich war schon als Kind daheim in der Küche ein Topfgucker. Später habe ich mich in Restaurants und auf der Welt umgesehen, Rezepte gesammelt und ausprobiert, mich mit den Waren befasst und alles hinterfragt: Woher kommt das Gemüse, warum wird das Fleisch so und nicht anders mariniert? Übrigens, Henry …

Henry: Ja, Gerd?

Gerd Käfer: Unter uns Männern: Wer eine feine Zunge hat, kann auch gut küssen.

Henry: Ich kenne zwei, drei Hundemädels, die mögen meine Bussis – und meine Leckerlis. Liebe geht durch den Magen, sagt ihr Menschen gern. Was kochst du für mein Frauchen, wenn ihr mal allein seid?

Gerd Käfer: Uschis Lieblingsgericht sind exquisite Kalbfleischpflanzerl. Dazu mag sie gehackten Kartoffelsalat, lauwarm in Hühnerbrühe, und eine – für dich viel zu scharfe – Fleischsauce.

Henry: Du und ich – wir schlemmen gern. Was isst du am liebsten?

Gerd Käfer: Genuss zu teilen, ist Genuss pur. Und Tischmanieren – ob bei einfachem oder opulentem Essen – sind einfach schön. Das Besteck immer wieder hinzulegen, sich mit dem Sitznachbarn zu unterhalten, sich Zeit zu nehmen … Wer das schätzt, ist wirklich ein Genießer.

Henry: Und was oder wer sind Genuss-Bremsen für dich?

Gerd Käfer: Menschen, die bei Tisch zu laut sind, schlürfen oder – wie ihr – alles rein schlingen. Am meisten nervt mich, wenn bei einem mehrgängigen Menü ein Teil der Gäste nach dem ersten Gang aufsteht und vor der Tür raucht. Im Flugzeug halten es die Raucher doch auch ohne Zigarette aus, warum nicht beim Essen?

Gerd Käfer: Als kleiner Bub war ich ein Süßer …

Henry: Das bist du immer noch, mein süßes Herrchen. Was mochtest du damals?

Gerd Käfer: Schokoladenpudding, am liebsten hätte ich mich darin gebadet. Heute habe ich keine Nummer 1 mehr. Jedes Essen, das mir schmeckt, ist mein Lieblingsgericht. Vor allem, wenn es mit Huhn zu tun hat. Oder mit Würstln. Wollwürste aus Kalbfleisch und die Nürnberger Bratwürstl von Uli Hoeneß mag ich besonders.

Henry: Wir Vierpföter haben nicht so feine Manieren wie ihr. Wir schlingen unser Futter ratzfatz runter. Und wir wollen beim Fressen ungestört sein. Warum esst ihr am liebsten in Gesellschaft?

Henry: Wir bleiben bis zum letzten Krümel. Kochst du deshalb so gern für mich und uns? Du hast Spaghetti-Sticks kreiert und planst kleine Hunde-Menüs?

Gerd Käfer: Ihr seid so dankbare (Fr-)Esser, das macht mir Spaß. Und mir gefällt es, wenn ich koche und du erwartungsvoll zu mir hochschaust. Es gibt ja Frauchen und Herrchen, die verbannen ihre Vierbeiner aus der Küche. Davon halte ich nichts. Für mich ist die Küche ein Wohlfühlraum. Für Mensch und Hund.

Henry *(wedelt):* Dann nichts wie weg – in unseren Wohlfühlraum.

Meine Freunde

Chica, Whippet, 2 ½ Jahre

Henry: Chica und ich treffen uns öfter im Englischen Garten in München. Ihr Frauchen Ursula Birr ist Chefredakteurin von „Ein Herz für Tiere", das Magazin lesen Uschi und ich immer gemeinsam.

1 MEIN LIEBLINGSGERICHT
Gekochtes Kalbsherzfrikassee mit Reis.

2 ZWISCHENDURCH SCHMECKEN MIR
Apfelschnitze, Birnenhäppchen, Mandarinenscheiben, Erdbeeren und Gras, Gras, Gras.

3 DAVON KRIEG ICH NIE GENUG
Mit meiner vierbeinigen Gefährtin Cora spielen und ihr zeigen, dass ich viel schneller bin. Mit Hundefreunden toben. Agility trainieren, da flippe ich immer aus. Schmusen.

4 PFUI FINDE ICH
Langsam an der Leine trotten, gerufen werden, wenn ich Amseln vertreibe, Taxi fahren, da muss ich immer auf dem Boden liegen.

5 ALS HUNDEMINISTER WÜRDE ICH
Die Hundesteuer abschaffen und an jedem Fluss und See Hundezonen einrichten.

6 WAS ICH EUCH MENSCHEN SCHON LÄNGST FRAGEN WOLLTE
Warum regt ihr euch eigentlich immer so auf, wenn wir ab und zu mal bellen? Das hat schon vielen Leuten ihr Eigentum, sogar das Leben gerettet und ist auch nicht lauter als ein Rasenmäher, ein Motorrad oder Discomusik aus dem Cabrio.

Gordi, 14 Jahre, Dackel-Pekinesin,

und *Tapsi,* circa 6 Jahre, Pekinesin

Henry: Mit Gordi und Tapsi, den Hunden von Anita und Erwin Müller, habe ich in den Ferien oft mopsig viel Spaß auf hoher See oder im Süden.

1 **MEIN LIEBLINGSGERICHT Gordi:** *Fleisch, Fleisch, Fleisch. Hirschgulasch, Lamm, Rind.* **Tapsi:** *Schwäbische Küche. Jägerschnitzelchen, Fleischküchle – eigentlich mag ich alles.*

2 **ZWISCHENDURCH SCHMECKT MIR Gordi:** *Was Herrchen auf dem Teller hat und was er mir im Restaurant bestellt – natürlich ungewürzt.* **Tapsi:** *Ich vernasch manchmal Henry – ihn gibt's ja als Gummi-Mops. Seine sauren Öhrchen finde ich süß. Lecker sind auch Joghurt mit Banane und ab und zu ein Stück weiße Schokolade.*

3 **DAVON KRIEG ICH NIE GENUG Gordi:** *Rund um die Uhr mit Herrchen zusammen sein. Im Büro, auf der Jagd, auf der Jacht und nachts im Bett. Ich würde ihn auch ins Bad begleiten, aber das möchte er nicht. Leider.* **Tapsi:** *Von früh bis spät auf Frauchen aufpassen und mit ihr schmusen. Leider ist sie zu groß für mein Bettchen. Aber sie deckt mich abends, bevor ich einschlafe, immer zu und dann träume ich von ihr.*

4 **PFUI FINDE ICH Gordi** *(wedelnd):* *Dass Tapsi daheim gern die Chefin spielt. Wirklich nervig finde ich Zweibeiner, die behaupten, ihr Hund tut nix – Raufbolde.* **Tapsi:** *Frauchen und ich plädieren für mehr Chefinnen, aber das nur am Rande. Pfui ist, dass es in vielen Städten zu wenig Hundewiesen gibt und in Italien und Spanien viel zu wenig Hundestrände.*

5 **ALS HUNDEMINISTER WÜRDE ICH Gordi:** *Ein Gesetz erlassen, dass Menschen, die Hunde aussetzen oder schlecht behandeln, ins Gefängnis kommen.* **Tapsi:** *Eine gute Idee, dann merken die mal, wie es ist, eingesperrt zu sein. Ich war's, bevor mich unser Frauchen und Herrchen aus dem Heim geholt haben. Als Ministerin würde ich den Führerschein für Hundehalter einführen. Beim Gassi gehen sehe ich immer wieder Zweibeiner, die ihren Bello an der Leine rumzerren und anbrüllen.*

6 **WAS ICH EUCH MENSCHEN SCHON LÄNGST FRAGEN WOLLTE Gordi:** *Warum holt ihr euch einen Hund ins Haus, wenn ihr gar keine Zeit für ihn habt? Wir sind keine geborenen Singles, wir sind Rudel-Vierbeiner.* **Tapsi:** *Wieso seid ihr so herzlos und nehmt euren Hund nicht mit in den Urlaub? Er ist doch ein Familienmitglied.*

Lola, 2 Jahre, Möpsin

Henry: Nach der feschen Lola drehen sich nicht nur Möpse um. Sie hat funkelnde Augen und sprüht von Kopf bis Pfote vor Temperament. Kein Wunder, bei ihrem Kristall-Clan Markus und Julia Langes-Swarovski. Wenn ich bei ihr in Tirol bin, gehen wir gern zusammen Gassi.

1 MEIN LIEBLINGSGERICHT
Keine Frage: Gebeizter Lachs, Schnäuzchen gerecht gewürfelt und garniert mit einem in Scheiben geschnittenen harten Ei. Als Feinschmeckerin bin ich sehr wählerisch, aber auch offen für alles. Trockenfutter ist okay, wenn es mit etwas kalt gepresstem Olivenöl verfeinert wird.

2 ZWISCHENDURCH SCHMECKT MIR
Fast Food für uns Dogs – ob mit Fleisch oder Gemüse, das nasche ich gern. Wie auch Gouda-Würfel. Aber von allem gaaanz wenig. Ich versuche, auf meine Figur zu achten. Vielleicht trete ich ja irgendwann in die Pfotenstapfen meiner Oma. Die war eine gefeierte internationale Miss „Champion Beauty".

3 DAVON KRIEG ICH NIE GENUG
Ich bin eine richtige Wasserratte. In unserem Pool schaffe ich locker zwei Bahnen. Und danach plansche ich noch herum und schnappe nach Wassertropfen.

4 PFUI FINDE ICH
Rüpelhafte Rüden. Wenn die mir auf ihre Macho-Art den Hof machen – wuff, da kann ich schon mal meine Contenance verlieren.

5 ALS HUNDEMINISTER WÜRDE ICH
Ein Gesetz erlassen, dass wir Vierpföter (und ich besonders) jede Nacht ungestört das Kopfkissen mit Frauchen und Herrchen teilen und nicht ans Fußende abgeschoben werden.

6 WAS ICH EUCH MENSCHEN SCHON LÄNGST FRAGEN WOLLTE
Warum verlasst ihr immer fluchtartig den Raum, wenn mich Flatulenz plagt? Könnt ihr mich nicht riechen???

Yuma,

West Highland White Terrier, 3 Jahre

Henry: Mit Yuma, dem kessen Westie-Mädel von Mirja und Schauspieler Sky du Mont, buddle ich gern im Sylter Sand.

1 MEIN LIEBLINGSGERICHT
Alles, außer dem, was meine Mama jeden Morgen in meinen Fressnapf schüttet (und sie selbst nie fressen würde) – irgendein blödes Trockenfutter. Nur weil der Tierarzt meint, das sei gesünder für mich. Der hat doch keine Ahnung – ist ja auch kein Hund!

2 ZWISCHENDURCH SCHMECKT MIR
Eigentlich auch alles. Zumindest das, was meine menschlichen Geschwister essen. Und die essen nun mal kein Gemüse und anderes „gesundes" Zeug.

3 DAVON KRIEG ICH NIE GENUG
Spazieren gehen und mich in ekligen Dingen wälzen.

4 PFUI FINDE ICH
Dass mein Papa Sky immer versucht, mich zu erziehen. Wann begreift er endlich, dass das sinnlos ist?

5 ALS HUNDEMINISTER WÜRDE ICH
Den Leinenzwang abschaffen, die Bürgersteige und Wege für Häufchen freigeben und allen Metzgern Wurststeuern auferlegen. Frei-Wurst für alle (vor allem für Westies!).

6 WAS ICH EUCH MENSCHEN SCHON LÄNGST FRAGEN WOLLTE
Warum geht ihr nicht auch auf allen Vieren? Warum schämt ihr euch, an einen Baum zu pinkeln, wenn ihr dringend müsst?

Stella, West Highland White Terrier, 11 Jahre

Henry: Mit der Westie-Dame Stella verabrede ich mich gern im „Bogenhauser Laden" ihres Frauchens Marion Sennewald-Gail. Da gibt's alles, wovon Hund und Katze träumen – und noch mehr.

1 MEIN LIEBLINGSGERICHT
Seit ich mit drei Jahren aus Rom nach München gekommen bin, lasse ich für ein gegrilltes Hendl – natürlich ohne Knochen – jede Pasta und Pizza stehen. Es sei denn, Frauchen kocht für mich. Sie ist eine Fünf-Sterne-Pfoten-Köchin und toppt jedes Hendl.

2 ZWISCHENDURCH SCHMECKT MIR
Herrchen frühstückt Müsli mit Apfelstückchen, ich schlabbere Apfelstückchen ohne Müsli. Und zum Nachmittags-Kaffee mit ihm knabbere ich Hunde-Chips.

3 DAVON KRIEG ICH NIE GENUG
Wenn mein Bauchi gekrault wird, könnte ich wie eine Katze schnurren. Und wenn ich mit meiner Lebenspartnerin Gioja (Westie, 6 Jahre) am Gartenzaun stehe und wir alle, die vorbei kommen, im Duett lautstark verbellen, fühle ich mich so jung wie ein Teenie und so groß wie ein Bernhardiner.

4 PFUI FINDE ICH
Gebadet zu werden – brrrh! Genauso schlimm ist's, getrimmt zu werden. Aber pfui ist auch, die Haare nicht mehr schön zu haben. Alle zweieinhalb Monate kommt deshalb der Hunde-Friseur. Hair-lich ist was anderes.

5 ALS HUNDEMINISTER WÜRDE ICH
Sofort ein Gesetz erlassen, dass wir Hunde rechtlich nicht als Sachen behandelt werden. Wir sind keine Gegenstände wie Autos, sondern putzlebendige Wesen, die von ihren Frauchen und Herrchen wie Kinder geliebt werden.

6 WAS ICH EUCH MENSCHEN SCHON LÄNGST FRAGEN WOLLTE
Warum darf ich nicht mit euch am Tisch essen? Warum sind unsere Leckerlis im Schrank eingesperrt? Warum muss ich bei Regen raus?

Leo, Golden Retriever, 22 Monate

Henry: Leo ist viiiel größer als ich, trotzdem hält er mich für den „Größten", weil ich viel für andere Vierpföter mache. Mit ihm und seinem Frauchen Renate Schramm treffe ich mich oft. Sie ist Journalistin und Autorin, hat mir bei meinen Kolumnen in der Münchner „Abendzeitung" die Pfote geführt und jetzt beim Schreiben meines Kochbuchs.

1 MEIN LIEBLINGSGERICHT
Gedünstete Hühnerbrust mit Zucchini, Karotten und Reis.

2 ZWISCHENDURCH SCHMECKT MIR
Frischkäse, möglichst aus dem Becher, Apfelstücke, Kauknochen, Käse-Würfel, Gräser, Karotten, Leberwurst aus der Tube und sonntags ein hartgekochtes Ei – mit Schale.

3 DAVON KRIEG ICH NIE GENUG
Gestreichelt werden. Mit meinen Freundinnen Leila und Nala herumtoben. Würstl-Partys bei Henry. Ballspiele. Schwimmen. Und – pssst, bitte nicht weiter sagen – auf der Couch schlafen, wenn ich allein daheim bin.

4 PFUI FINDE ICH
Radl-Raser, die auf schmalen Wald- und Parkwegen nicht für Hunde bremsen. Ameisenkolonien an Straßen-Kreuzungen, wenn die Ampel rot ist und ich „sitz" machen muss.

5 ALS HUNDEMINISTER WÜRDE ICH
Das Hundeverbot in Krankenhäusern und Seniorenheimen abschaffen – und die Hundesteuer. Sie wird nur noch in ganz wenigen Ländern erhoben. Warum gerade bei uns? Das ist ungerecht. Wir sind doch keine Luxusgüter, sondern Sozialpartner und Familienmitglieder.

6 WAS ICH EUCH MENSCHEN SCHON LÄNGST FRAGEN WOLLTE
Wieso mögt ihr es nicht, wenn wir an euch hochspringen? Wollt ihr uns nicht auf Augenhöhe?

SIR HENRYS BESTE REZEPTE

Liebe Hunde-Köchinnen und -Köche,

die Mengen-Angaben sind für kleinere Vierbeiner von 10 bis 12 Kilogramm gedacht. In der Tierernährung wird mit dem metabolischen Körpergewicht gerechnet, das heißt eine 80-kg-Dogge benötigt nicht die 80-fache Futtermenge eines 1-kg-Mini-Hündchens, sondern je nach Größe, Alter und Bewegungsfreude gilt eine individuelle Formel. Deshalb geben wir für andere Größen keine Portionsmengen an. Am besten orientieren Sie sich an der üblicherweise verfütterten Nassfuttermenge.

Alle Rezepte wurden von meinem Herrchen und mir selbst zubereitet. Probe(fr)esser hatten wir genug, meine Jungs und Mädels standen schwanzwedelnd Schlange. Ob unser „Glückskäfer-Menü" oder „Pfotenfood für zwischendurch", alle Gerichte sind leicht nachzukochen und eignen sich vom Langstreckenläufer bis zum Sofasitzer für jeden Hund – aber nicht für Welpen. Die Münchner Kleintier-Ernährungsexpertin Dr. Petra Kölle hat uns wissenschaftlich unterstützt. Worauf Sie beim täglichen Selbstkochen unbedingt achten müssen, können Sie auf den Seiten 84–87 nachlesen.

Und jetzt: An die Töpfe und Näpfe, fertig, los!

BELLNESS AUF *bairisch*

In dieser Brühe wäre ich gern Knödel. Einmal in der Woche mit Gusto und Gaudi abtauchen – statt in meine Mops-Wanne. Frauchen steht auf Wellness, warum also nicht Bellness für mich?

Mini-*Leberknödel* in Rinderbrühe

(2 Portionen)

Zutaten für die Rinderbrühe:

100	g	Rindfleisch
50	g	Sellerie
50	g	Karotten
5		Fenchelkörner
1	Stängel	Petersilie

(das wird nur mitgekocht und kann tags drauf vom Zwei- oder Vierbeiner verspeist werden)

(Fenchel und auch Anis tauchen öfter in meinen Rezepten auf, sie sind gut für unsere Verdauung und gegen Blähungen)

Zutaten für die Leberknödel:

50	g	Weißbrotwürfel oder Knödelbrot
5	g	Hühnerleber
100	g	Rindfleisch
20	g	Einkornmehl
20	g	Couscous
1		Eigelb
30	g	Karotten
30	g	Sellerie

Zubereitung der Brühe:

Das Fleisch waschen und in einem Topf mit ca. 750 ml kaltem Wasser bedecken. Kurz aufkochen, dann ca. 1 ½ Stunden sieden lassen. Den sich bildenden Schaum immer wieder abschöpfen.

Das Gemüse waschen, grob zerkleinern und nach etwa 30 Min. Kochzeit zum Mitgaren in den Topf geben.

Zubereitung der Leberknödel:

Die Weißbrotwürfel in etwas Wasser einweichen und anschließend ausdrücken. Die Karotten und den Sellerie sehr fein raspeln, die Hühnerleber und das Rindfleisch fein hacken.

Die Karotten, den Sellerie und die Leber mit dem Mehl und dem Couscous zu einem Teig verkneten und mithilfe zweier Esslöffel kleine Knödel daraus formen (Durchmesser ca. 2 cm).

Die Knödel in die Brühe geben und etwa 5 Min. leicht wallend garen, dann abgekühlt servieren.

Hendl-Herrlichkeiten

Zutaten:

100	g	Hühnerfleisch
1		Tomate (ca. 50 g)
30	g	Pastinaken
30	g	Karotten
10	g	Brennnesseln
100	g	Bulgur
50	g	Magerquark
2	Blättchen	Basilikum als Garnitur

Zubereitung:

Das Hühnerfleisch, die Pastinaken und die Karotten kochen und fein würfeln. Die Tomate schälen und zusammen mit den Brennnesseln fein hacken. Den Bulgur ebenfalls kochen.

Alle Zutaten gut mischen, in Form eines Knochens anrichten und mit etwas Basilikum garnieren.

Hühnerknochen sind nix für uns Vierbeiner, aber diese Knochen machen uns zu Rolling Bones!

Obazda auf *Schnuffi*-Art

Zutaten:

30	g	milder, weicher Camembert (30 % Fett i. Tr.)
50	g	Frischkäse (5 % Fett i. Tr.)
50	g	Magerquark
20	g	Karotten
1	Hauch	Paprikapulver, edelsüß
1	Scheibe	Toastbrot, getrocknet

Zubereitung:

Die Karotten kochen und fein raspeln. Den Camembert nach Belieben entrinden, fein würfeln und mit einer Gabel zerdrücken.

Alle Zutaten sorgfältig zu einer cremigen Masse verrühren und mit einem Hauch Paprika würzen.

Den Obazda üppig auf das Toastbrot streichen, in mopsgerechte Stückchen schneiden und servieren.

Eine zünftige Brotzeit, die ich meinen Kumpels nach einem ausgedehnten Gassi-Gang auftische. Käsestückerl zur Belohnung gab es für unsere vierpfotigen Ahnen übrigens schon ab dem 13. Jahrhundert.

Steckerlfisch

Zutaten:

100 g   Wallerfilet
1   TL Leinsamenöl
     Petersilie

Zubereitung:

Den rohen Fisch in Würfel schneiden und auf einen Holzspieß stecken. Das Leinöl auf ein Stück Alufolie geben und den Steckerlfisch dazulegen. Etwas fein gehackte Petersilie dazugeben und die Folie verschließen. Im Backofen bei 110 °C ca. 15 Min. garen. Vor dem Servieren abkühlen lassen.

Das fischige Schmankerl würde vermutlich auch der einen oder anderen Mieze schmecken. Aber bei allem Respekt, liebe Katzen, das ist ein Hunde-Buch.

Apfelkucherl

Zutaten für den Boden:

20	g	Dinkelmehl
40	g	Haferflocken
50	g	Magerquark
1		Eigelb

Zutaten für den Belag:

200	g	Äpfel
5	g	Honig
6–10		Fenchel- oder Aniskörner
150	g	Magerquark
1		Eigelb
1	Päckchen	Tortengelee

Zubereitung:

Aus dem Mehl, den Haferflocken, dem Quark und dem Eigelb einen Teig kneten und dünn auf Backpapier ausrollen. Bei 160 °C Umluft 15 Min. backen.

Die Äpfel nach Belieben schälen, entkernen und in dünne Spalten schneiden. In 75 ml Wasser zusammen mit den Fenchel- oder Aniskörnern leicht dünsten, anschließend abseihen. Das Kochwasser aufbewahren!

Den Quark mit dem Eigelb zu einer glatten Creme verrühren, auf den Kucherlboden streichen und noch einmal 20 Min. backen. Das Kucherl auskühlen lassen, dann mit den gedünsteten Äpfeln belegen.

Das Tortengelee gemäß Packungsangabe ohne Zucker mit dem Apfelwasser vorbereiten und die Äpfel mit dem Gelee einpinseln.

Bei Zweibeinern erspart ein Apfel am Tag angeblich den Doktor. Uns tut er auch gut. Drum, ihr Schlecker-Schnauzen, beißt rein!

Frühlingsgefühle

Zutaten:

30 g Brokkoli
100 g Karotten
140 g Pastinaken
100 g Magerquark

Zubereitung:

Die Karotten, die Pastinaken und den Brokkoli kochen, etwas abkühlen lassen und fein hacken. Anschließend mit dem Quark zu einem groben Püree verrühren.

Unter uns Vierpfötern:
Das ist Flirt-Food pur und
macht Lust auf mehr.

SO SCHMECKT DAS
Hundejahr

*Sommer*f(r)isch

Zutaten:

150	g	Lachsforelle
5–10		Fenchelkörner
Etwas		Zitronenschale, unbehandelt
50	g	Kartoffeln
40	g	Sellerie, gekocht
15	g	Couscous

Zubereitung:

Die Fenchelkörner zusammen mit der Zitronenschale in ca. 750 ml Wasser zum Kochen bringen. Den Topf sofort vom Feuer nehmen und die Lachsforelle ca. 10 Min. darin pochieren, dann herausnehmen.

Die Kartoffeln und den Sellerie fein würfeln und im Fischwasser weich kochen, dann abgießen. Den Couscous gemäß Packungsangabe quellen lassen und anschließend mit den Kartoffeln und dem Sellerie mischen.

Das abgekühlte Gemüse mit dem pochierten Lachs anrichten.

Dazu empfehle ich noch ein Schmankerl auf die Hunde-Ohren: „In einem Bächlein helle", Franz Schuberts „Forellenlied", hören Herrchen und ich gerne.

Herbst-Hackfleischereien

Zutaten:

70	g	Rindergehacktes, fein
20	g	Karotten
20	g	Pastinaken
1		Eigelb
Etwas		Majoran
Etwas		Thymian
1	TL	Leinsamenöl

Zubereitung zu Beef Tatar:

Die Karotten und die Pastinaken kochen und fein raspeln oder hacken. Mit dem Hackfleisch, dem Eigelb, dem Öl und den fein gehackten Kräutern mischen und sofort servieren.

Zubereitung zu Fleischpflanzerln:

Die Karotten und die Pastinaken kochen und fein raspeln oder hacken. Mit dem Hackfleisch, dem Eigelb, dem Öl und den fein gehackten Kräutern mischen und zu kleinen Kugeln formen. Die Frikadellen in einer beschichteten Pfanne ohne Fett braten.

Diese Herbst-Hackfleischereien mag ich mal als Beef-Tartar und mal als Fleischpflanzerl. Ich zeige euch hier beide Zubereitungsarten, dann könnt ihr ganz nach Lust und Laune wählen.

Winter-Wedelei: *Lasagne*

Zutaten:

170 g	Lasagneblätter, die man nicht vorkochen muss
5	Fenchelkörner

Zutaten für die Sauce Bolognese:

150	g	Putengehacktes
50	g	Karotten
50	g	Rucola
200	g	geschälte Tomaten, passiert
2	Blätter	Basilikum
1	Msp.	Oregano

Zutaten für die Sauce Béchamel:

15	g	Dinkelmehl
1	TL	Leinsamenöl
10	g	Parmesan

Zubereitung der Sauce Bolognese:

Das Putenhackfleisch ohne Fett in einem Kochtopf anrösten. Die passierten Tomaten, den dünn geschnittenen Rucola und die fein geraspelten rohen Karotten dazugeben. Mit dem fein gehackten Oregano würzen und ca. 20 Min. auf niedriger Temperatur kochen. Zum Schluss das fein gehackte Basilikum beimengen.

Zubereitung der Sauce Béchamel:

Das Leinsamenöl in einen Topf geben und erhitzen. Das Dinkelmehl kurz darin anrösten, dann mit ca. 240 ml Wasser ablöschen. Bei niedriger Hitze unter Rühren kochen lassen, bis die Sauce dickflüssig wird. Zum Schluss den Parmesan einrühren.

Zubereitung der Lasagne:

Beginnend mit der Sauce Bolognese die Lasagneblätter und die Sauce Béchamel schichtweise in eine Auflaufform geben. Die letzte Schicht Nudeln großzügig mit Sauce Béchamel abdecken und den Auflauf bei 160 °C Umluft ca. 35 Min. backen. Die Lasagne etwas abkühlen lassen und servieren.

Auch eine abgekühlte Lasagne wärmt mich von innen. Noch heißer finde ich allerdings Schmusen mit meiner Familie …

Fleischklößchen-Suppe

Zutaten für die Brühe:

100	g	Hühnerbrust
60	g	Karotten
50	g	Sellerie
10		Fenchelkörner

Zutaten für die Fleischklößchen:

10	g	Weißbrotwürfel
20	g	Dinkelmehl
10	g	Einkornmehl
1		Eigelb
Einige		Brennnesselblätter

Zubereitung der Brühe:

Die Hühnerbrust zusammen mit den Karotten, dem Sellerie und den Fenchelkörnern in 500 ml Wasser etwa 20 Min. bei mittlerer Hitze kochen.

Zubereitung der Fleischklößchen:

Das Hühnerfleisch aus der Brühe nehmen und fein hacken. Etwa die Hälfte der gekochten Karotten fein raspeln, die Brennnesselblätter fein hacken. Alles in eine Rührschüssel geben und mit den Weißbrotwürfeln, dem Eigelb, dem Dinkel- und dem Einkornmehl mischen.

Die Masse zu kleinen Knödeln formen und in der leicht wallenden Brühe 10 Min. ziehen lassen.

Der Marienkäfer-Mops bin ich, Herrchen Käfer ist mein Glück.

GERDS *Glückskäfer*-MENÜ

Lammragout mit Erbsenreis

Zutaten für das Lammragout:

100	g	Lammfleisch
20	g	Karotten
20	g	Topinambur
1	TL	Petersilie, fein gehackt

Zutaten für den Erbsenreis:

90	g	Basmati-Reis
50	g	Erbsen

Zubereitung des Lammragouts:

Das Lammfleisch quer zur Faser in dünne Streifen schneiden und in einer beschichteten Pfanne ohne Fett braten. Die Karotten fein raspeln und gemeinsam mit dem Topinambur kurz mitbraten. Mit 250 ml Wasser aufgießen und auf kleiner Flamme ca. 20 Min. reduzieren lassen. Zum Schluss die fein gehackte Petersilie hinzufügen.

Zubereitung des Erbsenreises:

Den Reis auf kleiner Flamme mit der doppelten Menge Wasser quellen lassen. Die Erbsen 5 Min. in kochendem Wasser garen. Beides abgießen, abkühlen lassen, dann die Erbsen unter den Reis mischen.

Übrigens: Ob selbstgekocht oder Fertigfutter, für die Ernährung von uns 5,3 Millionen Vierbeinern geben die Deutschen jährlich rund 834 Millionen Euro aus. Weltweit aber sind 400 Millionen Hunde unterernährt und leben auf der Straße und in Not. Mein Rudel und ich unterstützen Tierschützer. Tun Sie es doch auch. Schon die kleinste Spende hilft.

Joghurt-*Sorbet*

Zutaten:

120	g	Joghurt
150	g	Erdbeeren
6		Eiswürfel
1	TL	Honig

Zubereitung:

Die Eiswürfel in einem Ice-Crusher, per Handgerät oder in ein Tuch gewickelt mit dem Hammer zerkleinern. Die Erdbeeren leicht anfrieren und pürieren.

Die Erdbeeren, den Joghurt, den Honig und das Eis sorgfältig mischen. Das Joghurt-Sorbet zimmerwarm servieren. Eiskaltes kann zu Magenproblemen führen.

Coole Dogs finden das hot, egal wie zimmerwarm das Sorbet ist. Schleck und weg.

Pfotenfood
FÜR ZWISCHENDURCH

Schinkennockerl

(2 Portionen, eine zum Einfrieren!)

Zutaten:

100	g	gekochter Schinken
15	g	Vollkornbrot
20	g	Couscous
10	g	Sellerie
20	g	Einkornmehl
5	g	Blattspinat
1		Eigelb
5–10		Fenchelkörner

Zubereitung:

Das Vollkornbrot klein würfeln und zusammen mit dem Couscous in 120 ml Wasser einweichen und quellen lassen. Den Schinken fein würfeln, den Sellerie fein raspeln und den Spinat fein hacken. Nach 10 Min. das übrige Wasser aus der Brotmasse abgießen.

Die Schinkenwürfel, den Sellerie, den Spinat, das Mehl und die Brotmasse mischen und das Eigelb sorgfältig unterrühren.

Aus der Masse kleine Knödel formen und in Wasser mit den Fenchelkörnern leicht kochen. Die Knödel mit einem Schaumlöffel aus dem Wasser nehmen und lauwarm servieren.

Nockerl kommen aus Österreich, wo meine Menschen-Freundin Traudi wohnt. Sie kennt viele Variationen und lädt Pusinka und mich manchmal zum Nockerl-Essen ein. Sie weiß, was uns schmeckt. Leider will sie nichts davon wissen, dass wir auch gern mal Salzburger Nockerl hätten. „So süß ihr seid", blockt sie ab, „Süßspeisen sind nix für euch." Bitter.

Mopsburger

(2 Portionen, eine zum Einfrieren)

Zutaten:

200	g	Kalbsgehacktes
1		Eigelb
20	g	Haferflocken
10	g	Einkornmehl
Etwas		Petersilie
30	g	Karotten
1	TL	Leinsamenöl

Zubereitung:

Das Hackfleisch sorgfältig mit dem Eigelb, den Haferflocken, dem Mehl, den fein geraspelten Karotten und der Petersilie verkneten. Aus der Masse kleine Frikadellen formen (ca. 2 cm Durchmesser).

Das Öl in einer Pfanne erhitzen und die Mopsburger darin auf beiden Seiten knusprig braten.

Da lecken sich auch Nicht-Möpse die Schnäuzchen.

Fischpflanzerl

Zutaten:

100 g		roher Lachs
10 g		Dinkelmehl
1		Eigelb
Etwas		Zitronenschale, unbehandelt
1	Prise	Majoran
3		Fenchelkörner
3		Aniskörner
40 g		Karotten
10 g		gekochter Bulgur

Zubereitung:

Den Lachs fein hacken, die Karotten kochen und raspeln und die Körner fein hacken oder mörsern. Alle Zutaten gründlich mischen und aus der Masse kleine Frikadellen formen.

Die Fischpflanzerl ohne Fett in einer beschichteten Pfanne von beiden Seiten knusprig braten und abgekühlt servieren.

Uschis *Sauerbraten*

Zutaten für die Beize:

250	g	Rinderschmorbraten
200	ml	Hundebier oder Wasser
2	EL	weißer Balsamico-Essig
1	Msp.	Kümmel
Einige		Aniskörner
Einige		Fenchelkörner
1		Lorbeerblatt

Zutaten für den Sauerbraten:

2	TL	Leinsamenöl
1	TL	Tomatenmark
50	g	Karotten, geraspelt
50	g	Sellerie, geraspelt
20	g	Bananen
½	TL	Honig

Vorbereitung:

Aus dem Hundebier, dem Balsamico, dem Kümmel, den Gewürzkörnern und dem Lorbeerblatt eine Beize herstellen und die Flüssigkeit in einen Zipp-Beutel geben. Das Rindfleisch in die Flüssigkeit geben, den Plastikbeutel verschließen und das Ganze für 2 Tage im Kühlschrank beizen.

Zubereitung:

Den Sauerbraten aus der Beize nehmen und leicht abtupfen. Das Öl in einem kleinen Topf erwärmen und den Sauerbraten darin anbraten. Die Karotten und den Sellerie raspeln und zusammen mit dem Tomatenmark mitrösten.

Den Braten mit der Beizflüssigkeit ablöschen, etwas Wasser hinzugeben und im geschlossenen Topf 40 Min. schmoren lassen.

Die Banane mit einer Gabel zerdrücken und gemeinsam mit dem Honig zum Braten geben. Das Ganze 10 Min. fertig schmoren. Den Braten abkühlen lassen und servieren.

Wenn Frauchen kocht, mmmh, da leck ich mir jede Pfote dreimal ab und hinterher leg ich mich ihr zu Füßen!

Sonntagsbraten

Gerds *Hühnerfrikassee*

Zutaten:

100	g	Hühnerbrust
70	g	Karotten
50	g	Sellerie
Etwas		Hühnerbrühe
60	ml	Sahne
5	g	Dinkelmehl
1	EL	Petersilie oder Brennnesseln

Zubereitung:

Die Hühnerbrust quer zur Faser in dünne Streifen schneiden, die Karotten und den Sellerie fein würfeln. Alles ohne Fett in einer beschichteten Pfanne anrösten, mit der Hühnerbrühe ablöschen und ca. 20 Min. köcheln lassen. Bei Bedarf etwas Hühnerbrühe nachgießen.

Die kalte Sahne mit dem Mehl verrühren und das Frikassee damit abbinden. Abkühlen lassen und mit frisch gehackten Brennnesseln oder Petersilie garniert servieren.

Herrchen am Herd – das ist hohe Küche, höher geht's nicht!

Amuse Gueule

Zutaten:

1	Gurkenscheibe
1	dünne Bananenscheibe
1 TL	Frischkäse
3	kleine Cocktailshrimps
1 Stängel	Dill

Zubereitung:

Die Gurkenscheibe schälen, etwas Frischkäse darauf verstreichen und die Bananenscheibe darauf leicht andrücken. Den restlichen Frischkäse darauf geben und die Shrimps darauf arrangieren. Mit etwas Dill verzieren und servieren.

Zutaten:

2	Penne-Nudeln
Etwas	Schinken, roh oder gekocht
Etwas	Petersilie

Zubereitung:

Die Penne in etwas Salzwasser kochen und abkühlen lassen. Den Schinken in Streifen schneiden. Die Nudeln mit den Schinkenstreifen umwickeln oder füllen und mit etwas Petersilie anrichten.

Zutaten:

1	kleine Scheibe magerer Käse
1 Msp.	Crème fraîche
1	Birnenwürfel
1	Tomatenwürfel

Zubereitung:

Den Käse in der Form eines Knochens ausschneiden oder ausstechen und an den Enden mit der Crème fraîche garnieren. Den Birnenwürfel schälen und auf der Crème fraîche anrichten. Zum Schluss einen Tomatenwürfel in die Mitte setzen und das Amuse Gueule anrichten.

Ob fischig, fruchtig oder nudelig – happ und weg. Diese Appetithäppchen sind der Hunde-Hit. Kein Wunder, „Gueule" ist das französische Wort für Maul oder Schnauze. Wörtlich heißt „Amuse Gueule" also so viel wie „freut das Maul". Und wie!

Waldorfsalat für *Wauzis*

Zutaten:

80	g	Magerquark
50	g	Magerjoghurt
10	g	Sellerie, fein geraspelt
3	g	Walnüsse, gehackt
Etwas		Zitronensaft und -abrieb

Zubereitung:

Den Quark und den Joghurt verrühren und den Sellerie und die Walnüsse hinzugeben. Mit etwas Zitronensaft und -abrieb verfeinern und servieren.

Ob mit Bell Ami oder Pretty Mops-Woman, zu zweit schmeckt's am besten.

Mops-*Sushi*

Zutaten:

100	g	Hähnchenbrust
2	TL	Leinsamenöl
30	g	Magerquark
70	g	Tomaten, fein gehackt
1	Msp.	Kräuter
320	g	Reis
Einige		Anis- und Fenchelkörner
110	g	Schinken, gekocht

Zubereitung:

Das Hühnchen kochen und fein hacken. Den Reis zusammen mit den Anis- und den Fenchelkörnern kochen.

Das Hühnchen mit dem Leinsamenöl, der Tomate, dem Quark, den Kräutern und 3 EL Reis mischen. Eine Frischhaltefolie auf eine Sushimatte legen, eine Scheibe Schinken auflegen und mit einer Schicht Reis bedecken. In der Mitte der Fläche die Hühnermasse als Streifen auftragen. Anschließend die Sushimatte zu einer festen Rolle aufdrehen.

Die Sushi-Rollen kurz anfrieren, dann lassen sie sich leichter in Scheiben schneiden.

Unsere Zweibeiner haben eine riesige Auswahl beim Essen und wünschen sich eine gewisse Vielfalt auch für uns. Wer keinen Vierpföter hat, versteht das mitunter nicht. Pusinka, meine Clique und ich finden es toll, Neues zu probieren. Wie der Sushi-Herr, so das Gescherr.

Liebesknochen

Zutaten:

60	g	Einkornmehl
40	g	Haferflocken
90	g	Magerquark
20	g	Dinkelmehl
20	g	Rote Beete, gekocht
40	g	Zucchini
1	TL	Leinsamenöl

Zubereitung:

Die Rote Beete fein passieren und mit dem Mehl, den Haferflocken, dem Magerquark und der fein geraspelten Zucchini zu einem Teig verkneten. Aus der Masse kleine Knochen formen und bei 170 °C 50 Min. backen. Die Knöchelchen anschließend mit dem Öl einpinseln, dann glänzen sie schön.

Wie erst die Funken sprühen, wenn ihr die Liebesknochen verschenkt …

Karotten-*Cup*

Zutaten:

2		Karotten (ca. 140 g)
1		Apfel (ca. 30 g)
60	ml	Joghurt
1	TL	Leinsamenöl
Etwas		Zitronensaft

Zubereitung:

Das Gemüse und das Obst in einen Entsafter geben oder fein pürieren, mit dem Joghurt und dem Öl mischen und mit etwas Zitronensaft würzen. Den Karotten-Cup in eine flache Schüssel füllen und servieren.

Cocktail TIME

Joghurt-Schlapperli

Zutaten:

250	g	Joghurt
60	g	Banane
1	TL	Honig
1	Blatt	Minze

Zubereitung:

Die Banane in ein hohes Gefäß geben, fein pürieren und den Joghurt und den Honig unterrühren. Mit einem Blatt Minze im Napf servieren.

Ob gerührt oder geschüttelt – auch wir Doggys schlabbern gern mal einen Drink.

Grissini

Zutaten:

100	g	Dinkelmehl
2	g	Trockenhefe
3	EL	Fencheltee
½	TL	Olivenöl
80	g	gekochter Schinken

Zubereitung:

Aus dem Mehl, der Hefe und dem Tee einen festen Teig kneten. An einem warmen Ort ca. 20 Min. gehen lassen, dann in kleine Portionen teilen und 3–4 mm dicke Röllchen formen. Jedes Röllchen mit etwas Olivenöl bestreichen und bei 170 °C ca. 25 Min. backen.

Die fertigen Grissini in einer verschlossenen Dose aufbewahren und zum Servieren mit Schinkenstreifen umwickeln.

Wau-*Pizza*

Zutaten:

100	g	Einkornmehl
5	g	Trockenhefe
80	ml	Fencheltee oder Wasser
2		Tomaten
1	TL	Olivenöl
1	Msp.	Kräuter
150	g	Mozzarella
6	g	kernlose Oliven
2–4	Blätter	Basilikum

Zubereitung:

Das Mchl, die Hefe und den Tee zu einem glatten Teig verarbeiten, gut durchkneten und 20 Min. gehen lassen. Die Tomaten schälen und mit einem TL Olivenöl dünsten, dann passieren. Mit den Kräutern noch einmal kurz aufkochen und gut reduzieren lassen, die Sauce soll dickflüssig sein. Anschließend auskühlen lassen.

Den Teig ca. 2 mm dick ausrollen und kleine Kreise (Durchmesser ca. 5–6 cm) ausstechen. Die Teigstücke mit der Tomatenmasse bestreichen, mit dem gewürfelten Mozzarella bestreuen und mit den Oliven garnieren. Bei 160 °C ca. 40 Min. backen, die Wau-Pizza sollte Biss haben. Anschließen abkühlen lassen und mit Basilikumblättchen garnieren.

*Nudel*napf

(2 Portionen)

Zutaten:

1	TL	Olivenöl
100	g	Hühnergehacktes
200	g	passierte Tomaten aus der Dose
50	g	Karotten, fein geraspelt
50	g	Petersilienwurzel, fein geraspelt
200	g	feine, kurze Nudeln

Zubereitung:

Das Hühnerfleisch im Öl fein rösten. Mit etwas Wasser ablöschen, die Tomaten, die fein geraspelte Petersilienwurzel und die fein geraspelten Karotten zugeben und ca. 20 Min. köcheln lassen.

Die Nudeln in Wasser kochen und abgekühlt mit der Sauce Bolognese servieren.

(Herrchen und ich geben etwas Fenchel und Anis ins Nudelwasser, das ist gut für den Magen)

Meine Heimatstadt München gilt ja als die nördlichste Stadt von Bella Italia. Aber die italienischen Momente gibt es in jedem Hunde-Leben und in jeder Stadt. Che bello, wie schön!

Happy Birthday

Geburtstagstorte

Zutaten:

150	g	Dinkelmehl
50	g	Haferflocken
10	g	Trockenhefe
1		Eigelb
180	ml	Fencheltee oder Wasser
150	g	Karotten, geraspelt
150	g	Hühnerbrust, gekocht und gewürfelt

Zubereitung:

Das Mehl, die Haferflocken und die Hefe mischen. Das Eigelb und den Tee zufügen und mit einem Rührgerät (Knethaken) zu einem Teig verkneten. Zugedeckt an einem warmen Ort mindestens 30 Min. gehen lassen.

Die Karotten und die Hühnerbrust in den Teig geben und mit den Knethaken einarbeiten. Den Teig in eine Springform (Durchmesser: 20 cm) geben und bei 170 °C ca. 50 Min. backen.

Den Kuchen auskühlen lassen und nach Belieben mit Carob (leckerer Schoko-Ersatz aus dem Reformhaus), Kresse oder Kerzen verzieren.

Schade, dass ich nur einmal im Jahr Geburtstag habe.

Apfel-*Joghurt*

Zutaten:

100 g   Apfel
250 ml Joghurt
2   TL Honig
Etwas   Zitronensaft

Zubereitung:

Den Apfel fein raspeln und mit dem Joghurt und dem Honig sorgfältig mischen. Etwas Zitronensaft hinzufügen und sofort servieren.

Nur Bauchi-Kraulen mag ich lieber als Apfel-Joghurt – und besonders von Leos Frauchen Renate Schramm, die mir beim Schreiben hilft.

ZUM *Vernaschen*

Kaiserschmarrn

Zutaten:

30	g	Dinkelmehl
3		Eigelb
5		Aniskörner
4	EL	Pfefferminztee
1	Msp.	Zucker

Zubereitung:

Das Mehl, die Eier, die Aniskörner und den Tee zu einem Teig verrühren. In einer beschichteten Pfanne mit einem TL Raps- oder Leinsamenöl bei schwacher Hitze beidseitig backen, dann mit einer Gabel zu kaiserlichen Häppchen zerkleinern. Mit einem Hauch Zucker garnieren und abgekühlt servieren.

Mops gönnt sich
ja sonst nichts …

Käse-Herzerl

Zutaten:

100	g	Dinkelmehl
20	g	Haferflocken
1		Eigelb
5–10		Fenchelkörner
5–10		Aniskörner
60	g	Schafskäse
1	TL	Leinsamenöl

Zubereitung:

Den Schafskäse fein hacken, die Fenchel- und Aniskörner mörsern oder fein hacken. Das Mehl, die Haferflocken, das Eigelb, die Körner, den Käse und 3 EL Wasser zu einem glatten Teig verkneten und mit einem Nudelholz ca. 3 mm dick ausrollen.

Mit einem Ausstecher in Herzform kleine Kekse ausstechen und mit einem Messer längs leicht einschneiden. Dann lassen sich die Kekse hinterher besser mit dem oder der Liebsten teilen. Bei 160 °C ca. 40 Min. backen.

Den Käse-Leckerlis nach dem Auskühlen durch das Einpinseln mit dem Leinsamenöl den richtigen Glanz verleihen.

Snacks to Go: Gastro-Kritiker bekommen bei diesem Thema mopsige Stirnfalten, aber immer mehr Zweibeiner essen unterwegs. Esskultur hin oder her – für 66 Prozent der Deutschen, Schweizer und Österreicher muss es laut aktueller Studien dreimal in der Woche schnell gehen. Das kann ich nachfühlen – und zieh mir gleich mal ein Käse-Herzerl rein.

DOGGY *Dream*
TO GO

FÜRS *Spatzl*

Kässpätzle

Zutaten:

100	g	Dinkelmehl
5–10		Fenchelkörner
100	g	Magerkäse (15 % F.i.Tr.)
2	TL	Leinsamenöl

Zubereitung:

Das Mehl und 80 ml Wasser zu einem glatten Spätzle-Teig schlagen. Die Fenchelkörner in 1 l Wasser aufkochen und abseihen. Den abgesiebten Sud erneut zum Kochen bringen und den Teig mit einem Schabbrett, einer Spätzlepresse oder einem Knöpflesieb in das kochende Wasser schaben. Die Spätzle kurz aufkochen, dann mit einem Schaumlöffel abseihen und mit kaltem Wasser abschrecken.

Das Leinsamenöl in einer Pfanne leicht erhitzen, die Spätzle darin leicht anrösten und vom Feuer nehmen. Den fein geraspelten Käse über die Spätzle geben, unterheben und schmelzen lassen. Die Kässpätzle abkühlen lassen und mit etwas Schnittlauch oder Petersilie garniert servieren.

Ozapft is, heißt es alle Jahre wieder auf dem Münchner Oktoberfest. Bei mir heißt's jetzt: Mopszapft ist. Zu den Spätzle kriegt mein Spatzl Uschi ein Krügerl alkoholfreies Hunde-bier. Prost!

A *Hund* is er scho

Hund is er scho – das ist in Bayern die höchste Auszeichnung für einen Zweibeiner, sagt mein Herrchen und lächelt dabei spitzbübisch. Und wo bleiben wir? Ein Mensch ist er schon – der Mops. Diese Ehrung haben wir längst verdient.

Die Mopsianer, wie sich unsere Halter gern nennen, wissen natürlich, dass wir nicht vom Affen abstammen und uns auch nicht zum Affen machen lassen. Wir lassen uns nicht dressieren. Wir erziehen die Zweibeiner um uns.

Auch Hundeversteher Martin Rütter hat erkannt: „Möpse sind verzauberte Menschen, die Vierpföter mit dem menschlichsten Verhalten." Mein Frauchen Uschi bringt es auf den Punkt: „Der Mops besitzt den Mensch." Das ist so. Wir erziehen ihn und verziehen ihn auch manchmal. Und wir lassen ihn

auch nicht aus den Augen. Wenn ich die Wahl habe, zwischen einem Hunde-Treff im grünen Park oder mit Uschi auf dem roten Teppich, keine Frage: Ich flaniere mit ihr. Sie ist eine bekannte PR-Lady, fliegt oder fährt von einem Event zum anderen – und ich bin dabei. Meine, unsere Bestimmung ist es, Begleithund zu sein, Walker, Doggyguard, einfach nicht von ihrer Seite zu weichen.

Meine Park-Kumpels verstehen das nicht. Die jagen lieber Bälle oder Mäuse, schnüffeln unter Bänken nach Grill-Resten und anderen „Schmankerln". Klar, so ein halber Hamburger im Gebüsch, der hat was. Aber letztlich stecke ich meine Nase lieber in Pariser Hundebars, lass mir die Krabben auf Sylt schmecken, schunkel mit Hansi Hinterseer in Kitzbühel oder teil mir mit Herrchen eine Weißwurst im Münchner „Franzikaner". „Der Mops" attestierte „Der Spiegel" meinen Artgenossen und mir schon 2006, „ist ein echter Society-Profi, der sich auf jedem Parkett mit der Nonchalance des wahren Souveräns bewegt."

Kalorien

berechnen haben wir in der Hundeschule nicht gelernt

Sir Henry interviewt Hunde-Ernährungs-expertin Dr. Petra Kölle

Sir Henry: Haben Sie eines der Rezepte aus meinem Buch selbst ausprobiert, Frau Dr. Kölle?

Dr. Petra Kölle *(lacht)*: Nein, Henry, sie klingen zwar sehr verlockend, aber ich habe momentan keinen Hund und euer Fressen ist nun mal kein Menschenessen.

Henry: Dafür haben Sie jedes Gericht nach wissenschaftlichen Kriterien getestet und abgesegnet. Vielen Dank für Ihre Unterstützung.

Dr. Kölle: Gern, Henry.

Henry: Als Ernährungsspezialistin der Medizinischen Kleintierklinik an der Münchner LMU sorgen Sie dafür, dass wir Vierpföter das richtige Futter bekommen. Machen die Zweibeiner viel falsch?

Dr. Kölle: Leider ja. Ich habe fast täglich Hunde als Patienten, die durch falsches Füttern mehr oder weniger krank geworden sind und zum Beispiel Knochenprobleme haben.

Henry: Was hat sie denn krank gemacht?

Dr. Kölle: Oft ist es falsch verstandene Tierliebe. Die einen wollen, dass es ihrem Hund an nichts fehlt und überfüttern ihn. Andere möchten, dass ihr Bello nicht wie ein Hund lebt und teilen ihr Menschenessen mit ihm. Dabei benötigt ein Hund verschiedene Nährstoffe, wie Calcium, in ganz anderer Menge als ein Mensch. Wer das nicht berücksichtigt, unter- oder überversorgt seinen Hund mit bestimmten Nährstoffen und kann ihn krank machen.

Henry: Mein Rudel, Uschi und Gerd, kocht gern für mich.

Dr. Kölle: Das ist prima, da weiß man genau, was drin ist im Napf. Allerdings ist es ein Unterschied, ob es neben einem kommerziellen, euren Bedarf deckenden Alleinfutter ab und zu mal ein hausgemachtes Schmankerl gibt oder ob das täglich passiert. Wer jeden Tag für seinen Hund kocht, sollte unbedingt eine individuelle Rationsberechnung erstellen lassen und das Fressen mit einem Vitamin-Mineralfutter ergänzen.

Henry: Beim Gassi gehen reden die Zweibeiner oft darüber, was das Beste für uns ist: Trocken- oder Feuchtfutter, Barfen, also nur rohes Fleisch, Knochen und Gemüse, oder lieber doch Selbstgekochtes. Was sagen Sie?

Dr. Kölle: Das ist eine Dauer-Diskussion. Letztlich muss das Futter alle lebensnotwendigen Nähr-

stoffe in der richtigen Menge und im richtigen Verhältnis zueinander enthalten. Das kann man mit verschiedenen Fütterungsmethoden erreichen. Wichtig ist natürlich auch, dass es dem Hund schmeckt und dass er es verträgt. Viele von euch reagieren allergisch auf dies und das – manche auf Rindfleisch, andere sind Futtermilben-Allergiker und vertragen gar keine trockenen Leckerlis.

Henry: Oh mei, die tun mir leid. Keine Leckerlis? Ich glaub', da würde ich krank werden. Einfach toll, was es da alles zu naschen gibt.

Dr. Kölle: Stimmt, Henry. Das Geschäft mit den

Hunde-Snacks boomt. Die Hersteller bringen ständig neue Produkte auf den Markt und die Halter kaufen und kaufen sie. Ich will dir jetzt nicht die Laune verderben, aber es wird gern vergessen, dass all diese Schleckereien und Kauprodukte auch Kalorien enthalten, oft ziemlich viele, und dick machen. Darum müssen sie von der täglichen Kalorien-Ration abgezogen werden.

Henry: Rechnen haben wir in der Hundeschule nicht gelernt.

Dr. Kölle: Ich erkläre es dir: Bei deinem Gewicht von zehn Kilo brauchst du täglich etwas mehr als 500 Kilokalorien. Wenn du jetzt zu deinem nor-

malen Futter noch 40 Gramm getrocknete Pansen verputzt, kommen 200 Kalorien dazu …

Henry: Das ist ja deppert. Gibt's etwas, das keine Kalorien hat?

Dr. Kölle: Nein. Aber spezielle Snacks mit vielen Ballaststoffen und Gemüse sind zumindest keine Dickmacher.

Henry: Mein Frauchen setzt mich manchmal auf Diät. Sie will nicht, dass ich ein Rollmops werde.

Dr. Kölle: Das willst du doch auch nicht, oder?

Henry: Auf keinen Fall. Denn wenn ich mehr als zehn Kilo wiege, darf ich nicht mehr mit meiner Uschi als „Handgepäck" im Flieger sitzen.

Dr. Kölle: Du kommst ja ganz schön rum.

Henry: Besonders gern bin ich auf Mallorca. Freunde von uns haben da eine Finca. Mmmh, da gibt's tollen Fisch. *(Henry richtet sich auf)* Wissen Sie was, Frau Dr. Kölle, unser Gespräch macht mich richtig hungrig. Darf ich Sie zum Essen einladen?

Dr. Kölle: Wohin denn, Henry?

Henry: Zu uns nach Hause. Mein Herrchen Gerd kocht ein Rezept aus meinem Kochbuch. Für Sie variiert er es „frei nach Schnauze" als Menschenessen.

Dr. Kölle: Da bin ich ja gespannt.

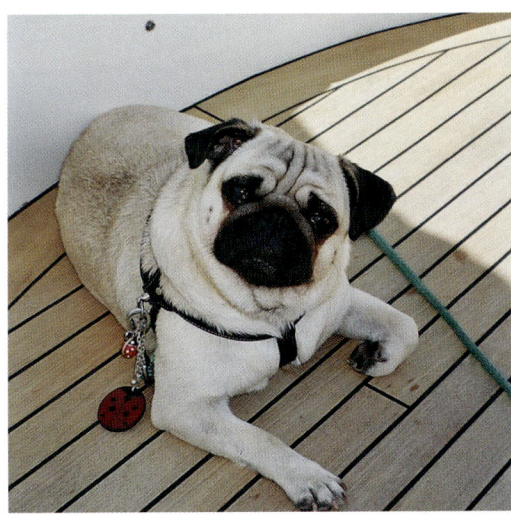

Mein lieber *Henry,*

du kannst in mir lesen, wie Zweibeiner in einem Buch, bist (m)ein Hellseher auf vier Pfoten. Ob ich ohne dich verreisen muss, einen stressigen Tag hatte oder sauer bin, weil du ein Würstl vom Küchentisch gemopst hast – du hast Antennen, die in den Himmel wachsen und reagierst sofort. Schaust mich tieftraurig an, kuschelst dich ganz nah an mich oder bringst mich zum Lachen. Du bist Charmeur, Seelentröster und Clown – und noch viel mehr.

Unglaublich und wunderbar zugleich, wie du mein Leben auf den Kopf gestellt hast. Angefangen hat es an einem Samstag im April 2006. Ich erinnere mich, als wär's gestern gewesen: Gerd und ich sitzen in einem Kölner Café. Vor dem Fenster läuft eine Frau mit einem Mops vorbei. Meine Augen brennen. Gerd sieht es und sagt: „Bitte, Uschi, nicht schon wieder deinen Sehnsuchtsblick." 20 Jahre sind wir damals schon zusammen – und genauso lange wünsche ich mir schon einen Mops. Doch Gerd gefällt die Rasse nicht.

Kein Grund zum Grummeln, liebster Henry, dein Herrchen hat seinen Fehler längst eingesehen. „Ein Mops ist wie ein neues Leben", hat er erst kürzlich zu Bekannten gesagt.

Zurück zu jenem Samstag. Um mich abzulenken, blättere ich eine Regionalzeitung durch und bleibe wie hypnotisiert an einer Anzeige auf der Tiermarkt-Seite hängen: „Mops zu verkaufen." Ich schlucke, ein paar Tränen laufen mir über die Wangen. Gerd zückt sein Taschentuch, wischt sie weg: „Ich kann das nicht mehr mit ansehen", sagt er weich. „Ruf da gleich an, du bekommst deinen Mops."

Mit knapp elf Wochen bist du bei uns eingezogen. Und hast dich mit deinem einnehmenden Wesen sofort zwischen uns breit gemacht: Im Auto, auf der Couch und im Bett. Ganz selbstverständlich, als wären wir schon immer dein Rudel gewesen. Mittlerweile sind wir zu viert. Deine Schwester Pusinka (slowakisch: Küsschen) aus einem Tierheim in Dubnica hat dich, mein Männchen, fest im Griff …

Von wegen, lachst du dir jetzt sicher ins Pfötchen. Dass sie dich von hinten anspringt, wenn du ihr zu laut oder wild bist, ist dir egal. Hauptsache, sie rückt danach ihren Kauknochen raus. Den Kopf hoch erhoben, so fühlst du dich größer, gibst du dann den Terminator und stolzierst mit der Beute

zu deinem Geheimversteck. Keine Frage für dich, wer der Chef in unserem Zwei- und Vierbeiner-Haushalt ist. Natürlich du, der kleine Sir mit den großen Praliné-Augen.

Niemand kann dir widerstehen. Der Postbote bringt dir Leckerlis mit und die Metzgerin eine Scheibe Gelbwurst vor die Ladentür. Im Flugzeug schenkt dir die Stewardess ein Plüschtier und im Restaurant bekommst du sofort einen Napf Wasser. Seitdem es dich in meinem Leben gibt, sind die Menschen um mich herum viel besser drauf, lachen mehr, bringen sich ins Gespräch ein, fragen nach deinem letzten Auftritt, erzählen eigene Hunde-Storys. Du und deine Mit-Möpse, ihr seid wunderbare Kommunikatoren und genießt es, im Mittelpunkt zu stehen. Da kreisen eure Ringelschwänzchen noch beschwingter als sonst.

Selbstbewusst läufst du über rote Teppiche, zwinkerst wie ein Show-Profi in TV-Kameras, gibst Pfötchen bei Interviews und sammelst bei Events Spenden für Bellos und Bellas, denen es nicht so gut geht.

Als Münchner hast du natürlich auch den Urtrieb des Grantelns in dir: Plötzlicher Regen im Park: Pfui Deifi! Die Badewanne daheim und hinterher ab in den Bademantel, das duldest du. Aber eine Dusche im Freien? Beleidigt versteckst du dich im Gebüsch. Und dann die Weggucker! Du schaust dir deine Gegenüber, die auf zwei Beinen, immer sehr genau an, suchst ihren Blick. Wenn sie nicht darauf reagieren, läufst du brubbelnd davon. Lange hältst du das Alleinsein aber nicht aus. Du bist kein Einzelgänger, du bist ein Society-Sir.

„Möpse sind mit Hunden nicht zu vergleichen", erkannte schon euer großer Fürsprecher, der unvergessene Loriot. „Sie vereinigen die Vorzüge von Kindern, Katzen, Fröschen und Mäusen." Für mich seid ihr – und vor allem du – Fabelwesen, von denen ein einzigartiger Zauber ausgeht. Lieben und geliebt werden, das ist dein Motto. Du bist anhänglich, zärtlich, treu, sensibel, besitzt Intuition und verbreitest gute Laune. Eigentlich hast du all das, was Frauen sich von einem Mann wünschen. Und das gesellige Gen zum Männerfreund hat dein Clan auch. Ob Stammtisch, Bergtour, auf der Jacht oder beim Skat – Hauptsache, ihr Mordskerlchen dürft dabei sein.

Dass es dir einmal hundeelend ging, hast du hoffentlich längst vergessen. Du hast schon früh Demodikose bekommen, eine erbliche Hautkrankheit, und hast büschelweise Fell verloren. Dein Züchter war, wie sich herausstellte, alles andere als seriös. Er hat deine Mops-Mama bei jeder Hitze decken lassen und das hat zu einer Immunschwäche geführt. Ich habe den Mann verklagt, war mit dir 2008 im Gerichtssaal und habe den Präzedenzfall (Aktenzeichen 8C160/07(15)) gewonnen. Das Geld, 1800 Euro für die entstandenen Arzt-Kosten, haben wir an ein Tierheim gespendet.

Tja, Henry, dieser spektakuläre Prozess, hat unser beider Leben nachhaltig verändert. Seitdem kämpfen wir – Pfote in Hand, jeder auf seine Weise – gegen die „Mops-Mafia", die wissentlich mit kranken Tieren züchtet, und gegen die „Billig-Welpen-Schwemme" aus Osteuropa. Mit deiner Website und deiner Facebook-Präsenz bietest du Mops-Haltern ein Forum für ihre Probleme. Lange hast du dich als Stadtpate der Münchner Tiertafel engagiert, jetzt unterstützt du „Ein Herz für kranke Tiere" und bist ein Schutzengel auf vier Pfoten.

Klar, dass du nur als Mops auf die Welt kommen konntest. Wieso? Die Antwort gibt dir der Philosoph Odo Marquard: „Ein Mops heißt Mops, weil sich die Menschen ihre Menschlichkeit von ihm mopsen müssen."

Mensch Mops, mein Henry, bleib, wie du bist.

Deine Uschi

Der *Duft* der *Dogs*

Wie Hunde das Beste aus ihrem Typ machen –
Sir Henrys Luxury Pet Care von Dr. Clauder's

Viele Promis tun's – zum Beispiel die Beckhams, Beyoncé, Heidi Klum, Bruce Willis oder Jennifer Lopez. Sie präsentieren ihre eigenen Parfüms und Pflegeserien – und ich tue das jetzt auch.

Bei Dr. Clauder's gibt es meine achtteilige Verwöhn-Serie „Sir Henry Luxury Pet Care".

Keine Sorge, mir geht es nicht um Faltenglätter oder Permanent-Dog-Make-up. Meine Artgenossen und ich stehen zu unserem Runzel-Ich. Mir geht's darum, dass jeder Vierpföter das Beste aus seinem Typ macht, beziehungsweise machen lässt und gut gepflegt Gassi geht – oder wie ich als kleiner Society-Sir und Lebemops – über rote Teppiche.

„Du riechst aber gut", sagte kürzlich eine Mode-designerin auf Sylt zu mir. Und sie meinte nicht meine Leckerli-Spürnase, sondern den Duft meines Fells. Das Aroma der Dogs, das liegt mir am Mops-Herzen. Klar, es gibt die ewigen „Stinkies" wie meinen Park-Kumpel Ole. Er lässt keine Pfütze, keine Suhle aus, wälzt sich mit Vergnügen in allem, was übel riecht. Sein Herrchen nimmt's mit Humor, andere Mitmenschen und wir Mithunde rümpfen da schon mal – bei aller Sympathie für Ole – die Nase. Sein Halter hat's irgendwann gecheckt und den armen Ole in eine Waschpulver-Lauge getaucht. O my Dog – das geht nun wirklich nicht. Auch Geschirrspül-Mittel und Babyshampoos sind TABU.

Erlaubt sind – mit Verlaub – meine Pet-Produkte. Vom Glanzshampoo über Reinigungsschaum für wasserscheue Hunde, der nicht ausgespült werden muss, bis zum Pfötchenbalsam (besonders wichtig in den kalten Monaten), ist alles dabei, was uns und unser Fell zum Strahlen bringt.

Natürlich – ein Mops, ein Wort – verzichte ich bei der Herstellung auf künstliche Farbstoffe und Tierversuche. Ich schwöre auf Beauty-Rezepte aus der Natur. Auf Gänseblümchen und Ringelblumen, Lavendel (den Duft der Provence schnuppere ich mit Wonne auf unserem Münchner Dachgarten) oder Aloe Vera. Für besonders haut-

empfindliche Hunde, ich hab da ja auch meine Probleme, gibt es Sensitiv-Produkte.

Meine Pet Care ist für alle Hunde geeignet, ist von Tierärzten geprüft und empfohlen – und gaaanz besonders sanft zu Fell und Haut.

Wenn Sie, liebe Zweibeiner, Ihrem Liebling etwas Gutes tun wollen, tun Sie auch etwas Gutes für Hunde, denen es schlecht geht. Wir, das Unternehmen Dr. Clauder und ich, unterstützen mit jedem verkauften Produkt soziale Hunde-Projekte.

Der Slogan von Dr. Clauder's ist übrigens: „7 Säulen für 4 Pfoten". Gemeint sind die sieben Produkt-Kategorien der Firma: Trocken-, Feucht- und Ergänzungsnahrung, Snacks, Pflege & Hygiene, Beauty & Care und Anti Flea.

Mein Slogan lautet: „Verwöhnerlis für 4 Pfoten" – Ihr Hund ist happy und Sie sind's auch.

Probieren Sie es doch einfach mal aus.

www.dr-clauder.com

PFOTEN WEG

Was für uns Vierbeiner ungesund ist – Von A bis Z:

Alkohol
Schon bei geringen Mengen können wir ins Koma fallen.

Avocado
Das Fruchtfleisch kann das giftige Persin enthalten, das unseren Herzmuskel schädigt.

Butter
Die Fette schlagen uns auf den Magen.

Erdnüsse
Je nach Menge drohen epileptische Anfälle.

Gewürzte Speisen
Menschenkost ist nichts für uns. Meine Rezepte dagegen vertragen alle kleinen und großen Vierpföter.

Hülsenfrüchte roh
Bloß nicht, da kann es zu einer Magendrehung kommen.

Grüne Paprika und Tomaten
Beide enthalten den krebserregenden Stoff Solanin.

**Kartoffeln roh
und Kartoffelwasser**
Auch da steckt das giftige Solanin drin.

Katzenfutter
Würde ich eh nicht anrühren. Kein Hund sollte es, wir sind doch keine Maunzer. Das Miezen-Zeugs enthält für uns zu viel Protein und zu wenig Kohlenhydrate.

**Knochen
gekocht, gegrillt, gebraten**
Gefährlich: Die sind dann aufgeweicht, splittern und stopfen.

Kuhmilch
Den Milchzucker vertragen wir nicht, Hüttenkäse oder Quark dagegen schon.

Limonade
Schnauzen weg vor dem hohen Zuckergehalt und den chemischen Zusätzen.

Macadamia-Nüsse
Achtung: Giftig für Vierpföter! Unsere Alternative: reife Walnüsse.

Nikotin
Lasst die Kippen liegen. Rauchen gefährdet unsere Gesundheit.

Obstkerne
Ob Kirsche, Pflaume, Aprikose oder selbst Apfel – in vielen ist Blausäure drin.

Peperoni
Wir sind superscharfe Typen und brauchen keine Scharfmacher, die uns den Rachen verbrennen.

Radieschen, Rettich
Gehören in jeden bayerischen Biergarten, blähen aber unseren Bauch auf.

Schokolade
Die Süße ist für uns Gift pur. Theobromin heißt das böse Toxin.

Schweinefleisch roh
Igitt. Das kann tödliche Viren enthalten.

Weintrauben
Erst gar nicht damit anfangen. Größere Mengen sind Gift für uns – wie auch Rosinen.

Zwiebeln
Nix wie weg: Gekocht, gegrillt oder gebraten, es gibt immer wieder Vergiftungen.

Renate Schramm

Renate Schramm ist am Starnberger See mit Katzen aufgewachsen und dann schnell auf den Hund gekommen. Sir Henry hat sie 2007 bei einem Dinner für Zweibeiner kennengelernt. Seitdem steht sie mit dem vierpfötigen Feinschmecker und Society-Mops im (kulinarischen) Austausch. Beim Schreiben des Kochbuches hat sie ihm das Pfötchen geführt. Die freie Autorin war lange Ressortleiterin bei der „Abendzeitung". Sie lebt mit ihrer Familie und Golden Retriever Leo in München.

Sir Henry